小实验串起科学史

科学史（第20全）

从摩擦起电到电灯的发明

路虹剑 / 编著

化学工业出版社

·北京·

图书在版编目（CIP）数据

小实验串起科学史. 从摩擦起电到电灯的发明 / 路虹剑编著. —北京：化学工业出版社，2023.10
ISBN 978-7-122-43908-6

Ⅰ. ①小… Ⅱ. ①路… Ⅲ. ①科学实验 - 青少年读物
Ⅳ. ①N33-49

中国国家版本馆 CIP 数据核字（2023）第 137349 号

责任编辑：龚 娟 肖 冉　　　　　　装帧设计：王 婧
责任校对：宋 夏　　　　　　　　　　插　画：关 健

出版发行：化学工业出版社（北京市东城区青年湖南街 13 号 邮政编码 100011）
印　　装：盛大（天津）印刷有限公司
710mm×1000mm　1/16　印张 40　字数 400 千字
2024 年 4 月北京第 1 版第 1 次印刷

购书咨询：010-64518888
售后服务：010-64518899
网　　址：http://www.cip.com.cn
凡购买本书，如有缺损质量问题，本社销售中心负责调换。

作者序

在小小的实验里挖呀挖呀挖, 挖出了一部科学史!

  一个个小小的科学实验，好比一颗颗科学的火种，实验里奇妙、有趣的科学现象，能在瞬间激起孩子的好奇心和探索欲。但这些小实验并不是这套书的目的和重点，它们只是书中一连串探索的开始。

  先动手做一个在家里就能完成的科学实验，激发孩子的好奇，自然而然地，孩子会问"为什么"，这时候告诉他这个实验的科学原理，是不是比直接灌输科学知识更能让孩子接受呢？

  科学原理揭秘了，孩子的思绪就打开了，会继续追问：这是哪位聪明的科学家发现的？他是怎么发现的呢？利用这个科学发现，又有哪些科学发明呢？这些科学发明又有哪些应用呢？这一连串顺

理成章、自然而然的追问，是不是追问出一部小小的科学史？

你看《从惯性原理到人造卫星》这一册，先从一个有趣的硬币实验（实验还配有视频）开始，通过实验，能对经典物理学中的惯性有个直观的了解；紧接着通过生活中的一些常见现象来加深对惯性的理解，在大脑中建立起看得见摸得着的物理学概念。

接下来，更进一步，会走进科学历史的长河，看看是哪位伟大的科学家首先发现了惯性原理；惯性原理又是如何体现在宇宙中星体的运动里的；是谁第一个设计出来人造卫星，这和惯性有着怎样的关系；我国的第一颗人造卫星是什么时候发射升空的……

这套书共有 20 个分册，每一个分册都有一个核心主题，从古代人类文明，到今天的现代科技，内容跨越了几千年的历史，能读到伽利略、牛顿、法拉第、达尔文等超过 50 位伟大科学家的传奇经历，还能了解到火箭、卫星、无线电、抗生素等数十种改变人类进程的伟大发明的故事。

这套书涉及多个学科，可以引导孩子在无数的"问号"中深度思考，培养出科学精神、科学思维、科学素养。

目录

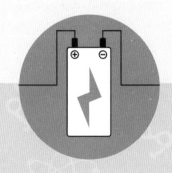

自从电灯出现以来，人类进入了全新的时代，夜晚因为电灯而变得明亮，人们可以有更多的时间享受生活和创造财富。作为19世纪最伟大的发明之一，电灯改变了人们的生活，而电的发明和使用标志着第二次工业革命的开始。关于电和电灯，有哪些有趣的历史事件，我们可以先从一个小实验开始了解。

电灯的出现让夜晚不再是一片黑暗

小实验：手摇发电机

不插电、没有电池，也能让灯泡亮起来吗？让我们试一下！

实验准备

手摇发电装置，灯泡架，两根 U 形导线。

扫码看实验

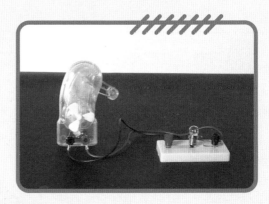

实验步骤

1

用导线将灯泡架和手摇发电装置连接在一起。

2

不停地摇动发电机的手柄，看看灯泡是否亮了起来。

实验背后的科学原理

直流发电机示意图

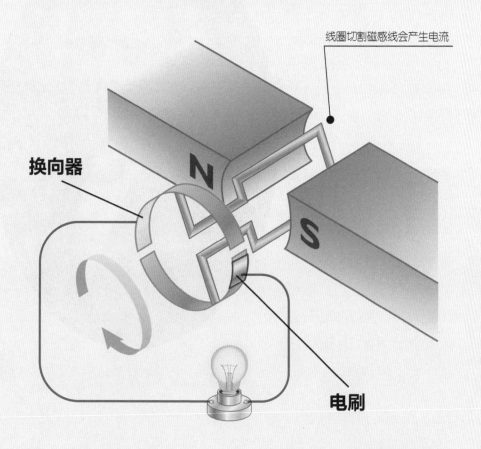

线圈切割磁感线会产生电流

换向器

电刷

　　手摇发电装置其实就是一个小小的发电机。打开发电装置，可以看到里面有线圈置于磁铁中间。这样线圈就处于磁场中，当我们摇动手柄时，线圈做切割磁感线的运动，线圈中就产生了感应电流。

电磁感应定律的发现

手摇发电装置之所以能够发电，利用的是电磁感应定律。电磁感应定律说的是闭合电路的一部分导体在磁场里做切割磁感线的运动时，导体中就会产生电流。

电磁感应定律是由英国物理学家、化学家迈克尔·法拉第提出的。法拉第仅上过小学，是自学成才的世界著名科学家。他发明了发电机和电动机，他的发明对人类进入电气时代做出了巨大贡献。

科学家法拉第

无论是电灯、电视、电脑以及现在流行的电动汽车，我们生活中的这些物品都离不开电。但你可能很难想象，人类真正广泛使用电的时间不到 200 年。这期间经历了哪些重大的发现呢？这一切还要从静电说起。

是谁最早发现了静电?

早在公元前 600 年，一位名叫泰勒斯（约公元前 624 — 约公元前 547）的古希腊早期哲学家，他曾从事数学和天文学的研究。当他摩擦一根由琥珀制成的杆子时，他发现这根杆子可以用来吸附其他轻的物体，比如羽毛等。这是人类对静电现象的最早记载。

在泰勒斯出现之前，人们很可能把这类事情解释为魔法。泰勒斯常做一些科学活动，被认为是世界上第一位科学家。他是第一批试图为自然现象找到科学解释的人之一。

被誉为世界上第一位科学家的泰勒斯

尽管泰勒斯的解释并不总是正确，例如他认为宇宙中的一切都是由水构成的，并且认为地球是一个扁平的圆盘，但他思考问题的方式影响了以后的科学家。

静电是什么？

在生活中你可能有这样的经历：晚上脱衣服时，会听到"噼啪"的声音，并且可以看到蓝光；和别人握手时，一接触对方，就有一种刺痛的感觉，好像被针扎到一样。这些现象其实都是静电所导致的，所谓静电，指的是一种处于静止状态的电荷（带电粒子）。如果电荷定向移动，就会成为电流。

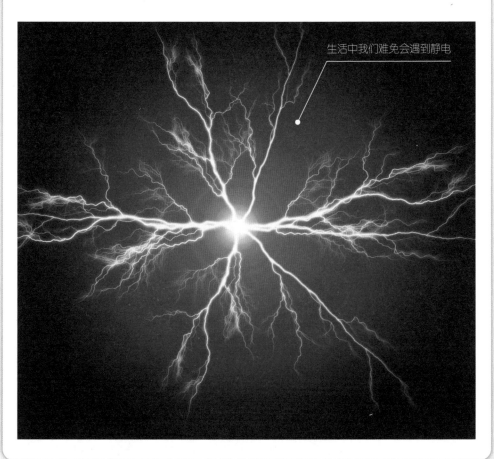

生活中我们难免会遇到静电

在泰勒斯最初对静电的发现之后的整整 2000 年里，电的科学研究并没有真正取得任何进展。但在公元 1600 年左右，英国女王伊丽莎白一世的医生威廉·吉尔伯特（1544—1603）开始进一步研究它。

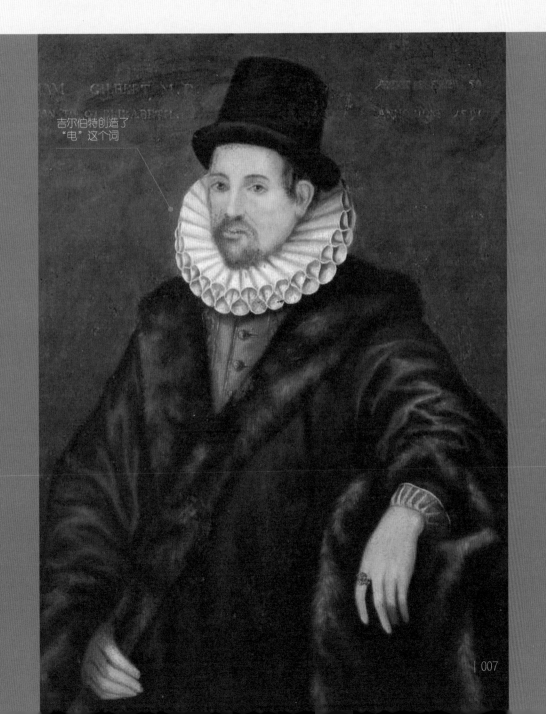

吉尔伯特创造了"电"这个词

　　吉尔伯特的研究主要集中在静电上，他是首位明确区分电现象和磁现象的科学家。吉尔伯特认识到虽然带电体和磁体都有吸引小物体的特性，但它们在本质上是不同的。他的研究为后来的电磁学奠定了基础。

　　1600 年，吉尔伯特出版了拉丁语著作《磁石论》。书中首次创造了"电"这个词，还解释了吉尔伯特多年来在电和磁方面的研究和实验。吉尔伯特大大提高了人们对这门新科学的兴趣。

17 世纪后，
对电的研究开始在科学界兴起

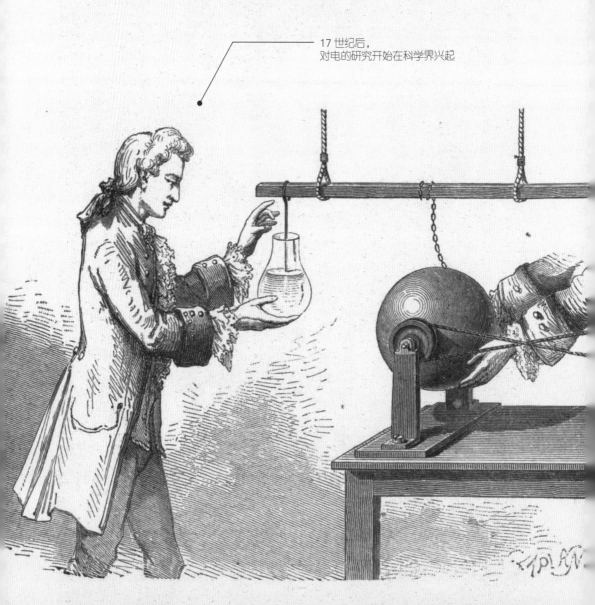

在吉尔伯特的启发下，一些欧洲发明家扩展了电的知识。例如 1660 年，德国马德堡市的市长奥托·冯·格里克（马德堡半球实验的设计者）发明了产生静电的机器。1729 年，英国科学家斯蒂芬·格雷发现了导电的原理。1733 年，法国化学家查尔斯·弗朗索瓦·杜费发现电有两种形式，分别命名为树脂电 (–) 和玻璃电 (+)，现在称为负电和正电。

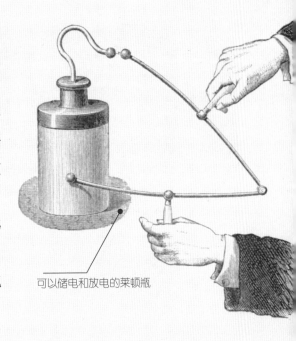

可以储电和放电的莱顿瓶

1746 年，荷兰发明家彼得·范·穆森布罗克发明了一种可以储存和释放电荷的设备，这是一个在玻璃罐里外分别附着独立金属片的容器，称为莱顿瓶。莱顿瓶的发明，为日后的电学实验奠定了基础。

莱顿瓶是人类历史最原始的电容器

富兰克林和风筝实验

　　1752年，美国开国元勋之一的本杰明·富兰克林做了一个载入史册的实验——风筝实验。

　　1752年6月的一天，一场暴风雨就要来临了，此时天空阴云密布、电闪雷鸣。富兰克林和他的儿子威廉·富兰克林一起，带着一个风筝来到一个空旷的地方。长长的风筝线上系着一把金属钥匙。

美国开国元勋富兰克林

FRANKLIN'S EXPERIMENT, JUNE 1752.
Demonstrating the identity of Lightning and Electricity, from which he invented the Lightning Rod.

富兰克林带着儿子一起
进行风筝实验

  由于当时风很大，富兰克林很快就把风筝放飞到天空中，紧接着一道闪电从风筝上掠过，富兰克林的手立即产生了一种恐怖的麻木感。他抑制不住内心的激动，大声呼喊："威廉，我被电击了！成功了！成功了！我捉住'天电'了！"

富兰克林将风筝线上的电引入莱顿瓶中，并在随后进行了各种实验，证明了自然界的雷电和摩擦产生的静电是具有相同性质的"物质"，闪电是一种放电现象。

富兰克林成功地捕捉到了电

提醒：请勿模仿富兰克林的风筝实验，被雷电击中会有生命危险！

当人们发现电可以产生力时，电变得更加有用。法国物理学家查尔斯·奥古斯丁·德·库仑（1736—1806）证明了这一点，他让两个小球体带正电，然后测量它们相互推开时的力（就像两个带相同电荷的磁铁的斥力一样）。

法国科学家库仑

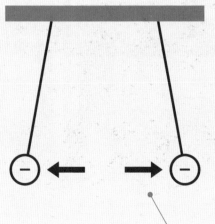

库仑发现了电荷之间的作用力

库仑发现电荷之间的作用力不仅取决于它们的大小，还取决于它们之间的距离，并总结出了现在我们所知的库仑定律。电荷的基本单位也被命名为库仑，以纪念他的发现。

意大利医生加尔瓦尼

1780 年左右，意大利医生路易吉·加尔瓦尼证明了我们现在所理解的神经冲动的电传导，他有一个很著名的实验。

一次，加尔瓦尼在实验室解剖青蛙时，用刀尖碰了青蛙腿上外露的神经，此时蛙腿出现了剧烈地痉挛，刀片上同时出现了火花。经过反复实验，他认为这种痉挛起因于动物身体内本来就存在的电，他把这种电叫作"动物电"。

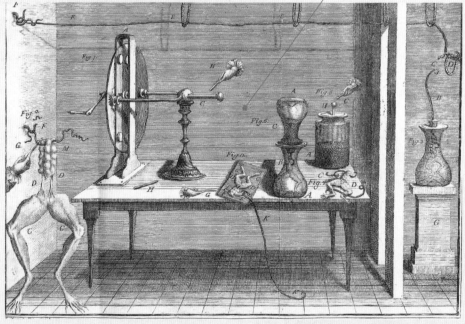

加尔瓦尼的青蛙实验

加尔瓦尼的发现，引发了电化学和相关生物学的发展，并且在青蛙实验的启发下，他的朋友伏特发明了电池。这是怎么回事儿呢？我们稍后再说。

是谁发现了电磁感应？

1820 年左右，丹麦物理学家汉斯·克里斯蒂安·奥斯特在一次给学生的讲座中，碰巧把一个指南针放在一根电线附近，当他把电线和电池接通时，令人难以置信的是，他注意到指南针的磁针发生了移动，这表明电流通过导线时会产生磁性。

法国物理学家安培

电流的单位就是以科学家安培的名字命名的

随后，法国物理学家安德烈·玛丽·安培在奥斯特发现的基础上，集中精力研究电流和磁场的关系。安培做了关于电流相互作用的 4 个精巧的实验，得出电流相互作用力的一些结论，同时他运用数学推导出电流元相互作用的公式。后来，人们把这定律称为安培定律。

你知道吗？为了纪念安培在电磁学上的杰出贡献，电流的单位就是以他的姓氏"安培"命名，符号为 A。

法拉第为电磁学开启了新篇章

1821 年，英国化学家和物理学家迈克尔·法拉第又将电磁学向前推进了一步。法拉第通过实验发现磁铁可以使通电导线旋转，这是因为流动的电流会在导线周围产生一个磁场，磁铁的磁场和导线产生的磁场可以相互作用。据此，他发明了一个不太实用的电动机。

1831 年，聪明的法拉第忽然意识到，这项发明也可以反过来工作——如果让一根导线穿过磁铁的磁场，并做切割磁感线的运动，就能够在导线中产生电流。法拉第通过对电磁感应的发现，从而确定了电磁感应的基本定律。

法拉第电磁感应定律促成了发电机的发明。我们今天使用的大部分电力都是由发电机提供的。法拉第的发现，可以说是对我们的现代电力发展做出了最大的贡献。

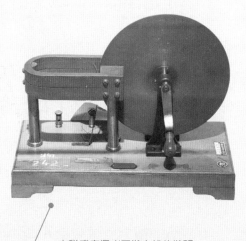

电磁感应促成了发电机的发明

爱迪生和电灯的发明

　　1847年，托马斯·爱迪生出生于美国的俄亥俄州，他的母亲曾是一名教师，教他阅读、写作和算术。爱迪生从小就有一颗好奇心，当他还是个孩子的时候，就开始通过阅读自学，并且他很小就迷上了科学，会花很多时间在家做实验。

一生有超过 1000 项发明专利的爱迪生

12 岁时，爱迪生靠在火车上卖糖果、报纸和蔬菜赚钱，赚来的钱大部分都用来购买电气和化学实验设备。有一次，他从一辆失控的火车上救出一名 3 岁的儿童。恰巧这名儿童的父亲是一位车站工作人员，为了感谢爱迪生，他教会了爱迪生关于电报的知识。从此，爱迪生在铁路上做起了电报员。

爱迪生小时候就喜欢钻研科学

1866 年，19 岁的爱迪生搬到了肯塔基州的路易斯维尔，他在当地的一家新闻通讯社工作。爱迪生要求上夜班，这让他有足够的时间来做他最喜欢的两件事——阅读和实验。但在 1867 年的一天夜里，他在用铅酸电池做实验时，把硫酸洒在了地板上，硫酸穿过地板，落到了楼下老板的桌子上。第二天早上，爱迪生因此被解雇了。

爱迪生的第一项发明是电子投票记录仪，但他发现这种机器的需求量不大。1869 年爱迪生搬到了纽约，并成立了公司，开始了他的发明和创业。1874 年，他发明了四通路电报机，并因此获得了 1 万美元（折合现在为 20 万 ~30 万美元）的收益，这是爱迪生取得的第一个巨大的经济收益。

31 岁时的爱迪生

1877 年，爱迪生改进了贝尔发明的电话机，并创办了电话公司。在改良电话的过程中，爱迪生发明了留声机，这是一种可以用来播放唱片的电动装置。

爱迪生和他发明的留声机

　　1878 年爱迪生与几位金融家在纽约成立了爱迪生电灯公司，并开始研究电灯。爱迪生要解决两个问题：一方面他需要改进真空设备，让灯泡有比较高的真空度；另一方面，他需要寻找一种价廉物美的耐热材料。

　　在尝试了 1000 多种材料后，爱迪生发现白金做成的灯丝性能最好，但问题在于白金的价格实在太贵了。

　　1879 年，爱迪生几经实验，最终决定用碳丝来作灯丝。他在一段棉丝上撒满碳粉，弯成马蹄的形状，然后高温加热做成灯丝后放到灯泡中，再抽去灯泡内空气，通电之后电灯亮了起来，而且连续使用了 45 个小时，就这样，世界上最早的白炽灯问世了。

　　1879 年 12 月 31 日，爱迪生在美国旧金山的门洛帕克首次公开展示了他的白炽灯。正是在这段时间里，他说："我们将使电力变得非常便宜，只有富人才会点蜡烛。"

　　1881 年，世界上第一个水电厂在英国的戈德尔明小镇投入使用。第二年，托马斯·爱迪生在纽约市曼哈顿珍珠街 257 号建造了一家发电厂。随着电灯的生产和发电厂的投入使用，越来越多的城市夜晚变得明亮起来。

　　从电灯到电力系统，从留声机到有声电影，爱迪生一生有超过 2000 项发明，其中超过 1000 项发明获得了专利，这让他成了有史以来最伟大的发明家。

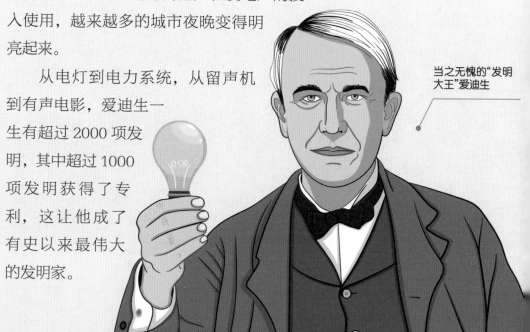

当之无愧的"发明大王"爱迪生

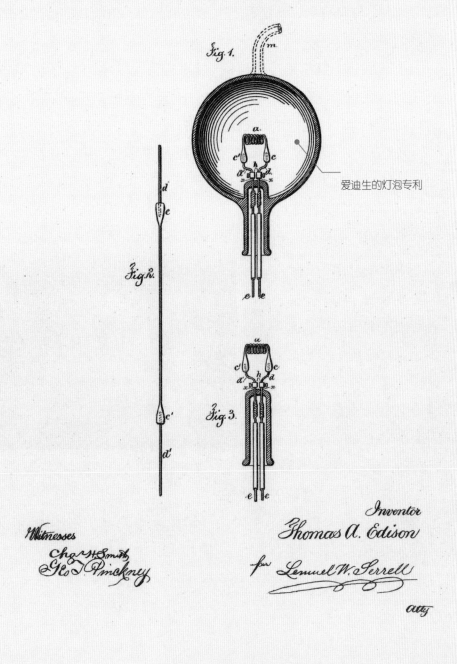

T. A. EDISON.
Electric-Lamp.

No. 223,898.   Patented Jan. 27, 1880.

爱迪生的灯泡专利

电是如何驱动电器的？

炎热的夏天，闷热的空气总是让我们大汗淋漓。这时候将电扇插上电源，打开开关，就会看到电扇转动起来，带给我们持续的风，给我们降温。

小时候我们经常和小伙伴们一起玩四驱车，装上电池打开电源开关后，就能看到车轮转动，只要一放到跑道里，四驱车就能飞快地在跑道里运动。这些都是如何实现的呢？

我们知道，大自然中存在着许多的能量形式。电，只是其中的一种，我们称之为电能。另外还有热能、光能、生物能、化学能、核能、动能等许多种能量形式。动能是我们最常见的能量形式之一，也称机械能。所有处在机械运动状态下的物体，都具有机械能。

电扇就是由电动机带动风叶转动的。电扇通电以后，借助固定的强磁场，通电的线圈会在磁场中受力转动。这样一来，电动机就能把电能转化为机械能，使轴转动，固定在轴上面的风叶也就一起转动，就能产生凉爽的风。

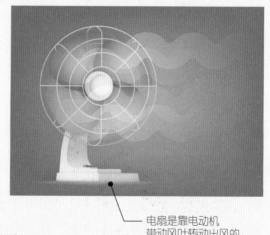

电扇是靠电动机带动风叶转动出风的

很多小朋友喜欢玩的四驱车，也运用了这个原理。电池提供电，将电池中储存的电能转化为机械能，来驱使四驱车在跑道上运动起来。电为我们的童年提供了多姿多彩的娱乐方式，也为我们现代社会的发展提供了强有力的支持。

第一个发明电池的人

电能对人类生活的重要性已经不言而喻了，大型电器对电的需求自不用说，就连我们日常使用的现代化工具也离不开电的支持，比如手机、掌上电脑、电动车等。这些设备的运行都要依靠自身电池的供电。

没了电池，这些高科技设备就无法工作。那么，电池是如何储存电能的呢？

电池是我们经常用到的物品

所谓电池，就是将电能转化为化学能储存在载体中，故被形象地称为"电池"。那么电池最早是谁发明的呢？

"电池"一词是由美国科学家本杰明·富兰克林在1748年创造的，用来描述几个带电的玻璃板。1780年左右意大利医生路易吉·加尔瓦尼在青蛙上的实验结果，引起了他的科学家朋友亚历山德罗·伏特的注意。受这个实验启发，伏特成功制造出世界上第一个电池。

亚历山德罗·伏特于 1745 年出生于今天的意大利北部，是意大利著名的化学家、物理学家；是电和动力学的先驱。1774 年，伏特成为物理学教授，并在 1776 年到 1778 年期间，研究气体时发现了甲烷。

随后，在加尔瓦尼实验的基础上，通过对青蛙的多次实验，伏特发现两种不同的金属相互接触时在它们之间会产生电势差。紧接着，在 1799 年，伏特发明了第一个电池。

电池的发明者伏特

伏特把一块锌板和一块铜板浸在盐水里，令他感到意外的是，他发现连接这两块金属的导线中有电流通过。受此启发，他尝试把许多锌片与铜片之间垫上浸透盐水的绒布或纸片，平叠起来后再用手触摸这些金属片的两端时，他感到了强烈的电流刺激。伏特用这种方法成功地制成了世界上第一个电池——伏特电堆。

伏特的这项发明证明了电可以用化学方法产生，并推翻了当时科学界普遍认为的，电只能由生物产生的流行理论。1800 年伏特公开报告了他的实验结果，引起了极大的轰动。

现代电池的"雏形"——伏特电堆

伏特在巴黎向
拿破仑展示他的电堆

伏特的发明促使了其他科学家进行了类似的实验,这促进了电化学领域的发展。

由于他的发明,伏特也得到了当时法兰西第一帝国皇帝拿破仑·波拿巴的赞赏,并被邀请到法国研究所向研究所的成员展示他的发明。有趣的是,伏特一生都与拿破仑保持着一定程度的亲密关系,他被拿破仑授予了许多荣誉。

电池是一项伟大的发明,它解决了人们对电能存储的需求,但随便丢弃废旧的电池会造成环境污染,随意拆卸电池也会对人体造成伤害。因此,我们要妥善处理废旧电池,注意集中回收,不要随意丢弃。

留给你的思考题

1. 生活中常有静电现象出现,你能想到什么办法来消除静电吗?

2. 如果你也想像爱迪生一样,成为一个大发明家,那么你最想发明什么呢?